RECHERCHES

SUR

LA NUTRITION ET LA SÉCRÉTION

ÉTUDIÉES DANS

LA RATE ET LE FOIE

PUIS PAR EXTENSION

DANS LE RESTE DE L'ORGANISME

PAR M. SEMANAS, D. M. P.

MÉDECIN A LYON.

———

> Observer et raisonner ; là est
> le secret de toute science.

PARIS

J.-B. BAILLIÈRE, libraire,
rue Hautefeuille.

GERMER-BAILLIÈRE, libraire,
rue de l'École-de-Médecine, 17.

A LYON

Chez CHARLES SAVY jeune, libraire,
Place Bellecour, 14.

——

1850

RECHERCHES

SUR

LA NUTRITION ET LA SÉCRÉTION

ÉTUDIÉES DANS

LA RATE ET LE FOIE

PUIS PAR EXTENSION

DANS LE RESTE DE L'ORGANISME.

Observer et raisonner ; là est
le secret de toute science.

INTRODUCTION.

1° Nous considérons la nutrition et la sécrétion
comme les deux fonctions fondamentales essentielles
de tout organisme, en ce sens qu'on peut dire que c'est
par elles, et jusqu'à un certain point pour elles, que

1850

subsistent les actes vitaux, quels qu'ils soient, sans en excepter la génération (1).

2° *a.* C'est par nutrition et sécrétion que subsistent tous les actes vitaux : en effet, tous les actes vitaux siégent dans des organes, et ces organes, quels que soient leur texture, leur configuration, leurs usages, n'existent qu'en vertu d'une nutrition et d'une sécrétion s'exerçant dans l'intimité de l'organe, et alors même que la nutrition ni la sécrétion n'en constituent pas la fonction particulière ; on peut même ajouter que l'échelle animale tout entière, examinée à ce point de vue, n'est rien autre chose que la nutrition et la sécrétion répétées diversement un nombre infini de fois en vue de la réalisation, sous toutes les combinaisons possibles, des phénomènes de la vie.

3° C'est ainsi que, au plus bas de l'échelle des êtres, le polype le plus simple nous montre la nutrition et la sécrétion se manifestant une seule fois, ou autrement dit, sous la forme d'un organe unique qui est le corps même de l'animal ; ici, les autres fonctions, telles que la digestion, la respiration, la circulation, etc., que nous verrons occuper dans les organismes supérieurs des

______

(1) La génération, sous quelque mode qu'elle se présente, ne saurait exister sans nutrition ni sécrétion ; il est même un des modes de génération, celui par bourgeon, dont on peut dire que la nutrition fait à elle seule tous les frais.

organes spéciaux parfaitement limités, n'existent que
par induction, pour ainsi dire, mais nullement d'une
manière distincte et caractéristique.

4° En remontant plus haut, on trouve que la nutrition et la sécrétion constituent non-seulement le corps
de l'animal dans ses contours extérieurs, mais se dé-
tachent en outre de ce corps pour se manifester de nouveau à l'intérieur sous forme d'un organe de rôle distinct, l'organe digestif; à la vérité, ce dernier organe
est encore peu complexe et ne montre pas le grand
nombre de parties dont il se composera plus tard; il en
est de même des organes de la respiration, de la circulation, du mouvement, etc., en vue desquels la nutrition et la sécrétion se sont aussi manifestées, en se
renfermant toutefois dans les limites du développement
le plus rudimentaire.

5° En remontant plus haut encore, la nutrition et la
sécrétion ne se manifestent plus seulement sous la forme
du corps de l'animal, ainsi que sous celle des divers organes digestif, respiratoire, circulatoire, locomoteur, etc.;
mais en outre on peut voir que, au sein de chacune de
ces différentes formes ou organes, la nutrition et la
sécrétion se scindent de nouveau un certain nombre de
fois, de là autant de subdivisions et de parties distinctes
dans le même organe. C'est ainsi que l'organe digestif,
par exemple, s'est allongé en compartiments nom-

breux, et s'est doublé de tuniques distinctes nutritives et sécrétoires ; tandis que divers organes nutritifs et sécréteurs particuliers, s'isolant des parois digestives, sont venus s'individualiser et se constituer à ses côtés, à l'état d'organes annexes ; dans l'espèce, le résultat de ce dédoublement successif de la nutrition et de la sécrétion, a été de transformer l'organe digestif, d'organe unique qu'il était plus haut, en *appareil* de la digestion.

6° Il faut remonter jusqu'aux vertébrés, pour trouver ce dédoublement de la nutrition et de la sécrétion exprimé de la façon la plus étendue et la plus caractéristique ; chez l'homme, entre autres, il est incontestable que la nutrition et la sécrétion s'y montrent multipliées et exprimées à un degré supérieur, sinon pour tous les organes, du moins pour les plus importants et les plus nobles. Exemple : Les manifestations de la nutrition et de la sécrétion, sous la forme du système nerveux en général et sous celle du cerveau en particulier.

7° En résumé, il ressort de ces courtes considérations que, depuis le polype, cette manifestation la plus réduite de la nutrition et de la sécrétion, jusqu'à l'homme, qui en est la manifestation la plus large, et, pour certains organes, la plus sublime, la nutrition et la sécrétion, d'abord monorganiques, vont sans cesse en se répétant et en s'individualisant à l'état d'organes et de dépendances d'organes de plus en plus nombreux et étendus (1) ; enlevez à ces organes et dépendances la nutrition et la sécrétion, et tout aussitôt, les uns et les autres disparaîtront, preuves sans réplique que lesdites fonctions étaient bien les conditions indispensables de l'existence de ces organes et de leurs dépendances.

8° *b*. Nous avons ajouté que c'était, jusqu'à un certain point, *pour* la nutrition et la sécrétion que subsistaient tous les actes vitaux ; ceci est évident de la part de tous les actes organiques ou végétatifs proprement dits, tels que la digestion et les sécrétions particulières qui s'y rattachent : la circulation, la respiration, etc., toutes fonctions dont le but final essentiel est, en effet, de desservir et d'assurer la nutrition et les sécrétions générales.

9° Toutefois, et la restriction (jusqu'à un certain point) permettait suffisamment de le prévoir, ce serait une erreur que de faire de la nutrition et des sécrétions générales le but unique de toutes les fonctions indis-

---

(1) Partant du point de vue ci-dessus, un organisme simple ou monorganique étant donné, on peut le définir : la nutrition et la sécrétion manifestées en vue de l'animal seul ; et s'il s'agit d'un organisme plus compliqué : la nutrition et la sécrétion manifestées en vue de l'animal, et en vue de chacune des fonctions de l'animal.

tinctement ; à cet égard, tout ce qu'on peut affirmer, c'est que toutes s'y rapportent et les desservent à des degrés divers ; mais entre les fonctions organiques proprement dites qui s'y rapportent tout-à-fait, et les fonctions animales les plus élevées qui ne conservent avec la nutrition et les sécrétions que des rapports fort indirects, on conçoit qu'il y ait une foule de degrés intermédiaires.

10° Après avoir reconnu que la nutrition et la sécrétion sont bien les fonctions fondamentales essentielles de tout organisme, et, qui plus est, de tout organe (7) ; nous avons à constater que, dans toute l'échelle vivante, ces deux fonctions, chacune en particulier, restent identiques comme nature.

11° Et d'abord, cette identité de nature de la nutrition et de la sécrétion, durant toute l'échelle animale, pourrait se prouver par le secours du raisonnement seul, car il répugne de penser que chaque organisme différent possède une nutrition et une sécrétion essentiellement différentes ; d'un autre côté, et puisque la nutrition et la sécrétion sont fonctions fondamentales de tout organisme (10), l'immutabilité en question leur revient par cela même de droit, car on sait qu'en matière de principes, de lois fondamentales, et, par conséquent aussi, de phénomènes fondamentaux, la nature se montre excessivement

avare, et varie plutôt des millions de fois les conditions et circonstances suivant lesquelles se manifestent
ces principes, lois et phénomènes, avant que de tou-
cher en quoi que ce soit à ce que ceux-ci possèdent
d'essentiel.

12° Indépendamment de la preuve raisonnée, et si
celle-ci ne paraissait pas suffisante, un examen, même
superficiel, nous permettrait d'établir l'identité dont il
s'agit, en constatant que les principales différences
que présentent à considérer la nutrition et la sécrétion
durant l'échelle animale, dépendent uniquement, dans
les animaux des diverses classes, du plus ou moins
grand nombre de parties affectées à l'exercice de ces
deux fonctions ; et, dans les animaux d'une même
classe, des combinaisons variées qui existent dans
l'arrangement d'un même nombre de ces parties.

13° C'est ainsi que, au premier point de vue, et
pour ne parler que d'un ordre des parties affectées
au service de la nutrition et de la sécrétion, à savoir:
les parties vasculaires ; les animaux placés au plus
bas de l'échelle nous présentent la nutrition et la sécrétion s'exerçant en quelque sorte par elles-mêmes,
c'est-à-dire sans le secours d'aucune partie intermédiaire placée entre l'organe d'une part, et les matériaux réparateurs d'autre part ; chez ces derniers animaux, la nutrition et la sécrétion, sont par conséquent

aussi simples que possible, et s'exercent uniquement en vertu de cette faculté inhérente à tout corps vivant, mis en présence du liquide réparateur général qui lui est propre, d'assimiler à sa propre substance les matériaux nutritifs et sécrétoires contenus dans ledit liquide.

14° Si, de ces animaux, nous passons à ceux placés immédiatement au-dessus, nous trouvons que la nutrition et la sécrétion, sans être beaucoup plus compliquées dans leurs moyens d'exercice, présentent du moins à l'état de vestige (lacunes, conduits borgnes ou réservoirs, etc.), ce qui, tout-à-l'heure, deviendra tout-à-fait évident et indispensable à l'exercice de la nutrition et de la sécrétion chez les animaux plus élevés.

15° Chez ces derniers, en effet, nous trouvons que la nutrition et la sécrétion ne fonctionnent plus ou presque plus qu'avec le secours de vaisseaux clos et parfaitement distincts ; seulement ceux-ci ne sont encore que de deux sortes : ce sont des artères et des veines.

16° Il faut arriver jusqu'aux vertébrés et à l'homme en particulier pour trouver la nutrition et la sécrétion desservies par le plus grand nombre de parties possibles, au nombre desquelles les plus indispensables et les mieux caractérisées se trouvent être, indépendamment des deux ordres de vaisseaux ci-dessus, un troisième ordre vasculaire connu sous le nom de vaisseaux lymphatiques.

17º Une autre remarque que nous ne pouvons nous dispenser de faire ici, en passant, parce qu'elle ressort de ce que nous venons d'exposer, est celle-ci, à savoir : que les vaisseaux, absents chez les êtres monorganiques, sont ensuite d'autant plus nombreux et caractéristiques que les manifestations de la nutrition et de la sécrétion, autrement dit, les organes, dans chaque série animale, sont plus nombreux et compliqués.

18º Ainsi, nous venons de voir que, au plus bas de l'échelle, alors qu'il n'existe pas d'organe distinct proprement dit, en ce sens que tout se trouve confondu avec le corps de l'animal, il n'existe pas non plus de vaisseaux, ni même de parties qui puissent en tenir lieu et être plus ou moins rapprochées de ces derniers.

19º Que si l'on remonte l'échelle d'une classe, on trouve d'abord un organe distinct (tube digestif), puis divers appendices (tubes, cœcum, etc.) de fonctions douteuses ; enfin, des organes multipliés, respiratoires, locomoteurs, etc. ; qu'alors aussi apparaissent, sinon des vaisseaux proprement dits, du moins certaines parties qui peuvent en tenir lieu.

20' Que, une classe encore au-dessus, en même temps qu'on rencontre un tube digestif et ses annexes parfaitement distincts, ainsi que les organes des différentes fonctions de plus en plus composés , on trouve aussi des vaisseaux parfaitement reconnaissables ; seulement ceux-ci ne sont que de deux sortes : ce sont des artères et des veines.

21° Que, finalement, ce n'est que dans les vertébrés où les organes sont de plus en plus nombreux et se subdivisent en dépendances de plus en plus étendues , que les vaisseaux sont eux-mêmes plus nombreux et plus tranchés entre eux : artères , veines et lymphatiques ; on peut même ajouter que l'ordre des vaisseaux lymphatiques en particulier , n'atteint son plus haut point de complication caractéristique que chez l'homme, qui se trouve être précisément (quant à l'ensemble de l'organisation) l'organisme le plus compliqué.

22° Ce que nous venons de constater à l'égard des vaisseaux en général, nous pourrions, sans aucun doute', le constater à l'égard de toutes les autres parties ou organes affectés à l'exercice de la nutrition et de la sécrétion ; d'où il suit qu'il était donc permis de dire que les différences que présentent à considérer la nutrition et la sécrétion, dépendent uniquement, dans les animaux des diverses classes, du plus ou moins grand nombre de parties affectées à l'exercice desdites fonctions.

23° Quant à démontrer que, dans les animaux d'une même classe, les différences que présentent à considérer la nutrition et la sécrétion, dépendent des combinaisons variées suivant lesquelles a lieu l'arrangement du même nombre de parties affectées à l'exercice de l'une et de l'autre fonction ; cette démonstration ne serait pas plus douteuse que la précédente, seulement elle nous obligerait, comme on le sait, à des détails anatomo-physiologiques comparés en dehors du plan du présent travail.

24° En résumé, il ressort que, durant l'échelle animale, les différences que présentent à considérer la nutrition et la sécrétion, quelque importantes et réelles que soient ces différences, ne sont point *essentielles*, et que l'absence ou la présence de vaisseaux et de parties plus ou moins nombreuses et variées, le nombre, la configuration, etc., de ces parties placées au service de la nutrition et de la sécrétion, ne sauraient empêcher à l'une et l'autre fonction de rester partout, chacune en particulier, identiques comme nature ; d'où il suit, par conséquent, qu'on peut admettre que, depuis le polype le plus simple jusqu'à l'homme, ces deux actes organiques demeurent au fond invariablement les mêmes.

25° Il ne suffit pas d'avoir acquis la conviction que la nutrition et la sécrétion, en tant que fonctions fondamentales, restent identiques durant toute l'échelle animale ; il faut encore, parce que cela sera indispensable plus tard à la sûreté de nos recherches, que nous arrivions à cette autre certitude que, même au sein du même animal, quels que soient les manifestations d'organes sous lesquelles elles se présentent et les usages particuliers auxquels elles se trouvent affectées, la nutrition et la sécrétion restent pareillement encore identiques comme nature.

26° Or, remarquons tout de suite que cette certitude n'a besoin, pour sa consécration, d'aucune preuve ni développement particulier, car elle n'est elle-même que le corollaire de la proposition précédente, qui conclut à l'identité de nature de la nutrition et de la sécrétion durant toute l'échelle animale. Quelque diverses que soient, en effet, au sein d'un même animal, les différentes circonstances de siége, de forme et d'usage de la nutrition et de la sécrétion, il est clair que ce ne sont là, après tout, que des circonstances particulières des différentes manières d'être générales de la nutrition et de la sécrétion, se produisant au sein d'un cas particulier de l'échelle au lieu de se produire d'une classe à une autre classe ou d'un animal à un autre animal, etc.; ces circonstances ne sauraient donc, dans ce cas pas plus que dans tous les autres, constituer, pour les fonctions dont il s'agit, des différences *essentielles*, d'où il suit qu'on peut admettre, en principe, que chez tous les individus de l'échelle animale, et chez l'homme en particulier, abstraction faite de toute considération de siége, de forme et d'usages, *il n'y a qu'une nutrition comme il n'y a qu'une sécrétion.*

27° Nous venons d'admettre que la nutrition et la sécrétion, chacune en particulier, restent identiques comme nature dans toutes les circonstances possibles de l'organisation animale; partant de là, il nous est permis désormais d'étudier la nutrition et la sécrétion, de la même manière qu'on étudie en physique, chimie, etc., toute qualité ou propriété générale des corps, c'est-à-dire au point de vue de leurs circonstances essentielles, et abstraction faite de toute application particulière.

28° Nous allons donc, dans les considérations générales suivantes, étudier la nutrition et la sécrétion, au point de vue de leurs circonstances et manières d'être essentielles, et abstraction faite de tout organe particulier, en dirigeant toutefois nos recherches à cet égard en vue du degré d'organisation départi à l'homme.

29° A cet effet, voyons d'abord à définir la nutrition et la sécrétion; nous rechercherons ensuite quels sont les caractères analogiques et différentiels de ces deux fonctions principales; puis, enfin, quelles sont les conséquences générales qui découlent de ces analogies et différences par rapport aux différentes manières d'être de la nutrition et de la sécrétion.

30° « La *nutrition*, dit Nysten (dictionnaire de « médecine), est cette fonction par laquelle la matière « nutritive, déjà élaborée par les diverses actions or- « ganiques, finit de quitter sa nature propre, et prend « celle des divers tissus vivants, pour en réparer les « pertes et en entretenir les forces. »

31° « La *sécrétion*, dit encore Nysten (*op. cit.*), « est cette fonction qui consiste dans une élaboration « particulière des matériaux du sang rouge, élabora- « tion qui s'accomplit instantanément aux extrémités « du système vasculaire sécréteur..... et qui a pour « résultat la formation de différents liquides, de diffé- « rentes humeurs. »

32° Ces deux définitions de Nysten, auxquelles on pourrait seulement reprocher d'être peut-être un peu longues, nous paraissent donner une idée, aussi nette que la science le permet, de la nutrition et de la sécrétion envisagées à un point de vue général.

33° Faisons remarquer, en passant, que la défini- tion de la sécrétion ne mentionne nullement que cette dernière fonction puisse être, dans quelques cas, des- servie par des vaisseaux autres que ceux qui appartiennent au système artériel ; en cela, l'auteur adopte, suivant nous, une manière de voir, la seule vraiment philosophique et conforme avec les faits ; ce n'est que par erreur, à coup sûr, et par suite d'interprétations fausses, que certains auteurs, fort recommandables d'ailleurs, ont pu être amenés à considérer les veines comme pouvant, dans certaines circonstances, alimenter les organes de sécrétion à l'exclusion des artères. Exemple : la veine-porte pour le foie. Une telle manière de voir ne saurait, en aucun cas, être acceptée comme vraie, car elle se trouve en complet désaccord avec cette loi générale qui ne souffre point d'exception et que nous prendrons pour guide des présentes recherches ; loi qui veut que le sang artériel soit la source de toute nutrition et sécrétion.

34° Des deux définitions qui précèdent, il est facile d'en déduire les points analogiques et différentiels de la nutrition et de la sécrétion. Comme points d'analogie, nous noterons tout d'abord que la nutrition et la sécrétion s'alimentent à l'aide de vaisseaux d'un même ordre et absolument identiques entre eux, les artères.

35° Comme points différentiels et entièrement caractéristiques de la nature de l'une et de l'autre fonction, on reconnaît que la nutrition diffère de la sécrétion en ce que, dans celle-là, les matériaux réparateurs *s'identifient avec l'organe*, de sorte que le produit de nutrition n'est autre que l'organe nutritif même ; et que, dans celle-ci, les matériaux réparateurs, élaborés par l'organe sécréteur, constituent un produit *distinct de l'organe*, produit en outre qu'on sait être destiné le plus ordinairement à agir hors de l'organe.

36° Un autre ordre de différences non moins important, implicitement renfermé dans les deux définitions ci-dessus, mais qui ressort plus manifestement encore de l'observation directe des parties, consiste en ceci : que tandis que le résultat de la nutrition aboutit toujours à un *solide*, le résultat de la sécrétion se rapporte toujours à un *liquide* (1).

37° De ce dernier ordre de différences, en découle un autre qui en est, pour ainsi dire, le corollaire immédiat et que l'observation confirme non moins positivement, à savoir : que tandis que les produits de nutrition, en raison de leur nature solide, sont employés dans l'organisme à constituer la charpente des organes, les produits de sécrétion, en vertu de leur nature liquide, servent à entourer et à humecter les organes, en un mot, à les *desservir*, en facilitant de diverses manières leur jeu fonctionnel.

---

(1) Il est bien entendu qu'il ne s'agit ici que des produits sécrétés fondamentaux de l'organisation, et non point des produits sécrétés en général, lesquels peuvent se présenter, comme on le sait, sous une foule d'aspects différents.

38° Mais de ces deux ordres réunis de caractères différentiels de la nutrition et de la sécrétion, à savoir : pour la première, d'aboutir à un produit solide, lequel constitue la charpente de l'organe ; pour la seconde, d'aboutir à un produit liquide chargé de desservir l'organe ; qui ne voit que la conséquence qui en découle par rapport à la situation anatomique relative et fondamentale de la nutrition et de la sécrétion au sein de l'organisme, est celle-ci, à savoir : que la nutrition et la sécrétion, que nous savons d'ailleurs devoir se rencontrer au sein de tout organe (10), s'y rencontrent constamment *associées* l'une avec l'autre.

39° L'observation démontre, en effet, que tous les organes se composent essentiellement au fond : en premier lieu, d'une partie nutritive, solide ou charpente ; en second lieu, d'un produit sécrétoire, fourni par une partie sécrétante comme sur-ajoutée à la première, et fonctionnant en réalité avec elle et pour elle.

40° Il suit de là qu'on peut dire d'une manière générale que, dans l'organisme, il serait aussi impossible d'y rencontrer une partie nutritive complétement isolée de toute partie sécrétante, qu'il serait impossible d'y rencontrer une partie sécrétante complétement isolée de toute partie nutritive.

41° Dans le but d'abréger, nous désignerons désor-

mais sous le nom de *paire organique* cette associatio
de la nutrition et de la sécrétion s'effectuant au sein de
tous les organes, quels que soient leur forme et
usages, association ayant lieu aussi, comme nous le
verrons, d'organe à organe. Dorénavant, pour nous,
l'expression paire organique sera donc synonyme, soit
d'association d'organe, soit aussi d'organe seul, dans
ce que ce dernier, quel qu'il soit d'ailleurs au particulier, présente d'anatomiquement fondamental.

42° Il est vraiment admirable de constater comment,
à l'aide de l'association une fois conclue entre la
nutrition et la sécrétion, la nature, en variant simplement dans cette association la forme, le nombre et
la situation réciproque des parties, le tout mis en rapport avec telle ou telle influence extérieure et tel
modificateur qui en dépend, a su réaliser la multipli-
cité des organes divers dont se compose l'organisme.

43° Sans entrer, pour le moment, dans des détails
qui seraient déplacés ici, on peut dire que les formes
les plus générales sous lesquelles la nutrition et la
sécrétion débutent dans leur association au sein de
l'organisme (nous parlons ici des organismes supérieurs), sont : *a* la forme membraneuse, *b* la forme
vasculeuse.

44° *a.* Sous la première forme, la nutrition et
la sécrétion, régulièrement superposées, constituent

d'abord des couches membraneuses complexes : mu
queuse, peau, etc.

45° *b*. Sous la seconde forme, la nutrition et la
sécrétion, toujours régulièrement superposées, mais
arrondies en canaux étroits, longs et ramifiés, constituent des conducteurs centripètes et centrifuges de
matériaux réparateurs, nutritifs et sécrétoires.

46° Maintenant, de l'union récidivée de la nutrition
et de la sécrétion, c'est-à-dire union effectuée sous les
deux formes générales qui précèdent, et, de plus,
physiologiquement disposée en vue de l'action de tel
ou tel agent extérieur, de telle ou telle propriété
générale des corps, etc., naîtront tels ou tels organes,
parties plus complexes.

47° C'est ainsi, par exemple, que les formes membraneuse et vasculeuse, associées et physiologiquement ordonnées en vue des agents chimiques alimentaires, ou des agents chimiques respiratoires, ou
encore des agents et propriétés physiques, tels que la
lumière, le son, la résistance, etc., etc., donneront
lieu ici à l'appareil digestif, là au poumon, ailleurs
aux organes de la vue, de l'ouïe, du tact, etc., etc.

48° De tous côtés, les formes membraneuse et
vasculeuse, associées encore, et physiologiquement
ordonnées en vue de l'influx nerveux, réaliseront les

appareils conducteurs de l'impulsion nécessaire au
jeu fonctionnel des organes ; il n'y a pas jusqu'au cerveau qui, pour sa portion la plus sublime, ne pourrait être dit le résultat de l'association de la nutrition
et de la sécrétion, effectuée sous les formes membraneuse et vasculeuse, et physiologiquement ordon-
née en vue des faits du domaine intellectuel.

49° Enfin, après s'être associées sous les formes
générales ci-dessus, pour constituer des organes épars,
la nutrition et la sécrétion s'associent une dernière fois
encore, mais alors, sous la forme même des organes,
ces derniers combinés : là deux à deux, plus loin trois
à trois, ailleurs tous ensemble; combinés de telle
sorte, en définitive, qu'ils puissent être dits : tous
solidaires ou fonctionnant en vue de l'*unité vitale*.

50° L'association de la nutrition et de la sécrétion
une fois acceptée comme fait fondamental de la constitution intime de tout organe, on va voir quelles
conséquences nombreuses et importantes découlent de
ce fait par rapport aux diverses circonstances physiologiques inhérentes à tout organe.

51° Pour jeter plus d'ordre dans ce qui va suivre,
nous procéderons successivement en vue des deux actes
fondamentaux incontestablement départis à tout organe,
à savoir : celui de se réparer à l'aide des matériaux

existants (réparation actuelle), celui de reconstituer les matériaux de réparation (réparation future).

52° Pour commencer, voyons ce qui se rapporte à la réparation actuelle. Et d'abord, de ce que la nutrition et la sécrétion se rencontrent associées dans tous les organes (38 et *sq.*), si nous étendons ce fait à la nutrition et à la sécrétion représentées par leurs matériaux respectifs (ceux-ci contenus au sein d'organes vasculaires), il s'ensuivra que lesdits matériaux devront être eux-mêmes associés, et, par conséquent, contenus au sein d'un organe vasculaire unique, ou, ce qui est la même chose, au sein d'un ordre unique de vaisseaux dits : réparateurs des organes.

53° D'un autre côté, et du moment qu'il n'y aura qu'un seul ordre de vaisseaux affecté à la réparation de tous les organes, au sein de chacun desquels la nutrition et la sécrétion existent associées (38), il suit de là que tout vaisseau réparateur, en quelque organe qu'on le suppose arrivé, et par cela même qu'il y trouve deux parties de nature distinctes et associées : l'une nutritive, l'autre sécrétoire, devra nécessairement se subdiviser en deux branches secondaires, afin d'assurer la réparation de l'une et de l'autre partie.

54° Les deux résultats qui précèdent répondent aux deux résultats suivants, que l'observation avait depuis longtemps rangés au nombre des faits anatomiques constants, sinon expliqués, à savoir : que les artères sont vaisseaux réparateurs *uniques* de tous les organes ; qu'une artère, à son arrivée au sein de l'organe à réparer, s'y distribue suivant la forme *dichotomique*.

55° Partant de ceci, que la disposition dichotomique des artères, dans leur marche à travers les organes, a pour but d'assurer un vaisseau réparateur à chaque partie nutritive et sécrétoire, constitutives de l'organe ; si l'on se reporte ensuite aux différences qui existent entre les produits résultant de la nutrition et de la sécrétion (36), il ressort manifestement que la nutrition et la sécrétion, bien que se réparant à l'aide de vaisseaux identiques, au contenant comme au contenu, ne sauraient emprunter à ces vaisseaux des matériaux identiques.

56° A cet égard, et parlant à un point de vue général, il est permis d'avancer avec certitude que, tandis que la nutrition consomme des matériaux solides, la sécrétion, elle, n'emploie que des matériaux liquides, et, dans tous les cas, absolument différents des matériaux à l'usage de la nutrition. Ceci, exprimé en termes généraux, revient à dire : à la nutrition il faut des matériaux nutritifs, à la sécrétion il faut des matériaux sécrétoires.

57° Or, nous venons de répéter que la nutrition et la sécrétion se réparaient à l'aide de vaisseaux identiques, vaisseaux qui, en tant que chargés de pourvoir à la réparation des parties nutritives et sécrétoires de tous les organes, contiennent nécessairement réunis : matériaux nutritifs et matériaux de sécrétion. La connaissance de ce fait, rapprochée de ce que nous venons d'avancer (56) enseigne que du côté de la partie nutritive comme du côté de la partie sécrétoire, la réparation une fois commencée, il devra se présenter une certaine quantité de matériaux, par leur nature, absolument sans emploi pour la réparation de la partie.

58° On conçoit bien, à la rigueur, que la nutrition puisse n'employer que les matériaux nutritifs de son vaisseau réparateur et laisser les matériaux sécrétoires ; de même que, dans les mêmes circonstances, par une affinité analogue, mais inverse, la sécrétion s'emparera des matériaux sécrétoires de son vaisseau, à l'exclusion des matériaux nutritifs, mais on ne conçoit pas aussi bien ce que deviennent, au sein du vaisseau respectif de la nutrition et de la sécrétion, les matériaux que l'une et l'autre fonction n'ont pu affecter à leur usage particulier.

59° Ces matériaux sans emploi seraient-ils rejetés sous forme d'excrétion ? Mais d'abord, cette excrétion serait tout-à-fait impossible du côté de la partie nutritive qui, par la nature même de sa fonction, est impuissante à excréter. En second lieu, ce serait mal reconnaître la sage économie qui préside à tous les actes de la nature que de supposer que celle-ci, qui a apporté tant de soins à préparer les matériaux réparateurs, consente ensuite à sacrifier en pure perte la bonne moitié desdits matériaux.

60° Non, assurément les matériaux restés sans emploi au sein du vaisseau réparateur de chaque partie nutritive et sécrétoire ne sont pas rejetés au dehors.

61° Il suffit, d'une part, de se reporter à l'association constante que nous avons dit exister entre la nutrition et la sécrétion pour former ce que nous avons appelé (41) une paire organique; il suffit, d'autre part, de réfléchir que, au sein de toute paire organique, les matériaux inutiles à la partie nutritive sont nécessairement des matériaux sécrétoires, et ceux inutiles à la partie sécrétoire, nécessairement des matériaux nutritifs, pour être mis immédiatement sur la voie du mode probable suivant lequel a lieu la soustraction des matériaux sans emploi.

62° Supposons, en effet (toujours au sein d'une paire organique), que la partie nutritive puisse déverser ses matériaux inutiles (ici sécrétoires) sur la partie sécrétoire , pendant que cette dernière effectue parcille décharge de ses matériaux sans emploi (ici nutritifs) sur la partie nutritive? Dès lors, chacune des deux parties composant la paire organique se trouvant, grâce à cette évacuation mutuelle, débarrassée de ce qui était de nature à troubler sa réparation propre, pourra se réparer librement et absolument comme si son artère ne lui apportait que les seuls matériaux nécessaires à son entretien particulier.

63° La supposition que nous venons de faire n'est rien moins que gratuite, et il n'est pas fort difficile de montrer que c'est effectivement de cette manière que les choses se passent au sein de la réparation de toute paire organique ou organe, et généralement au sein de toute association de parties nutritive et sécrétoire, en train de se réparer à l'aide d'une division artérielle ; ainsi, par exemple, à propos de la *rate* et du *foie* (considérés comme formant à eux deux une paire organique spéciale, composée de la rate, organe de nutrition, et du foie, organe de sécrétion), il est aisé de reconnaître que la rate déverse sur le foie, par l'intermédiaire de la veine splénique, les matériaux sécrétoires de son artère (1), tandis que le foie, à

----

(1) Le sang de l'artère splénique ne diffère pas du sang qui se rend aux autres organes ; ce sang renferme donc réunis ici comme ailleurs : matériaux nutritifs et matériaux sécrétoires.

Quant aux matériaux nutritifs, leur emploi dans la rate est facile

son tour, se débarrasse de ses matériaux nutritifs artériels, en nourrissant la veine spléno-hépatique, laquelle n'est, en réalité, qu'une expansion de la rate (1).

64° Le double mécanisme qui précède, étant généralisé à la réparation de tous les organes, on peut l'apprécier assez exactement, en disant : que l'asso-

---

à indiquer ; reste les matériaux sécrétoires, à l'égard desquels pareille destination *à priori* n'est pas aussi facile.

En premier lieu, il est constant qu'il ne se passe aucun phénomène de sécrétion dans la rate, d'où il résulte qu'elle ne peut employer de cette façon les matériaux sécrétoires de son artère ; d'un autre côté, il serait absurde de penser qu'elle emploie tout ou partie desdits matériaux à se nourrir ; que deviennent-ils donc alors ?

Nous nous contenterons de répondre ici que ces matériaux déposés au sein des cellules de la rate ou, autrement dit, à l'origine des radicules spléniques, sont repris par ces derniers vaisseaux qui les évacuent sur le foie.

C'est à ce dernier point de vue qu'on doit reconnaître que la rate déverse sur le foie les matériaux réparateurs inutiles à sa réparation, en tant qu'organe nutritif seulement.

(1) Il est bien démontré aujourd'hui, depuis surtout les belles recherches de M. Kiernan, sur le foie, que l'artère hépatique nourrit les subdivisions de la veine-porte hépatique.

C'est là ce fait qui autorise notre assertion ci-dessus, dans laquelle nous disons que le foie se débarrasse de ses matériaux nutritifs artériels (inutiles à sa réparation en tant qu'organe sécréteur seulement) en nourrissant la veine spléno-hépatique ; seulement, pour cette interprétation, nous faisons abstraction de la veine-porte et considérons la veine splénique comme se rendant seule au foie, de là le nom de veine spléno-hépatique au lieu de porte-hépatique.

Cette abstraction est permise, puisqu'on sait que, dans le cas où l'on voit la veine-porte cesser de se rendre au foie, la veine splénique s'y rend constamment.

ciation de la nutrition et de la sécrétion, indépendamment du fait anatomique qui en résulte à la constitution fondamentale de tout organe (paire organique), aboutit à cet autre fait, ici physiologique et relatif à l'existence fondamentale de tout organe, fait qui consiste : en ce que la partie nutritive se débarrasse des matériaux sécrétoires de son artère, au profit de la partie sécrétoire collatérale, laquelle se débarrasse à son tour de ses matériaux nutritifs artériels, au profit de la partie nutritive correspondante ; partant de là, il devient permis en outre de poser en principe que c'est très-probablement de la réalisation complète et régulière de la soustraction réciproque que nous venons de signaler, que dépend la réparation complète et régulière de toute partie nutritive et sécrétoire au sein de l'organisme, et par suite, de tout organe, dans ce que ce dernier présente d'anatomiquement fondamental.

65° Cette dernière présomption devient de la certitude, si l'on considère que tout organe, en tant que constitué essentiellement par une partie nutritive et par une partie sécrétoire associées (39), se trouve constitué en réalité par deux parties de nature différentes, réclamant pour leur entretien des matériaux de nature différente (35 et 56) ; cela étant, si l'on réfléchit ensuite que, par suite de l'uniformité du mode de

réparation commun à la nutrition et à la sécrétion
(34), chacune desdites parties est mise en présence
d'une certaine somme de matériaux de nature opposée
à la sienne propre (57), et en même temps conforme
à celle de la partie adverse (61), il devient tout de
suite évident que la nutrition pas plus que la sécrétion
ne peuvent se réparer isolément et indépendamment
l'une de l'autre, mais qu'elles ont, au contraire, un
besoin incessant l'une de l'autre ; c'est donc seulement
lorsque les deux fonctions, réunies sous forme de
paire organique, réalisent la soustraction réciproque
signalée plus haut, que l'une et l'autre peuvent se
réparer et existent individuellement et collectivement.

66° Nous ne pouvons nous dispenser de faire remarquer en passant, comment de cette union de la nutrition et de la sécrétion, réalisée d'abord dans le but
d'assurer la vie *individuelle* de l'une et de l'autre
fonction, naît en même temps la vie *collective* des
deux fonctions associées, c'est-à-dire de l'organe.

67° C'est ici qu'apparaît le point de départ des
deux grands attributs physiologiques, en vue desquels
s'exerce l'ensemble des fonctions de tout être vivant,
fonctions qui, comme on sait, se proposent toujours
un double résultat : *primo*, l'existence de chaque
organe et partie d'organe en particulier ; *secundo*,
l'existence des organes pris en masse, c'est-à-dire du

tout ; or, le point de départ de ces deux grands attributs physiologiques de vie individuelle et de vie collective, où le rechercherait-on plus sûrement, en effet, sinon dans la nécessité constante dans laquelle se trouvent la nutrition et la sécrétion, de ne pouvoir vivre individuellement sous tous les états et formes possibles de leurs parties respectives, qu'à la condition de s'unir et de constituer un tout collectif (1).

68° Après avoir reconnu qu'une des conditions principales de la réparation de tout organe, consiste dans la soustraction des matériaux inutiles, par nature, à la réparation des parties nutritives et sécrétoires, constitutives de l'organe, il resterait à déterminer à l'aide de quels instruments se réalise la soustraction dont il s'agit.

69° Or, dans l'exemple de la paire organique ci-dessus constituée par la rate et le foie, nous venons de dire que la rate se débarrassait des matériaux sécrétoires de son artère par les radicules de la veine splénique, laquelle veine, prolongée dans le foie, s'y constituait, par la nutrition de ses parois, l'absorbant des matériaux de nutrition de l'artère hépatique (63).

---

(1) On voit que le principe de l'obligation réciproque sur lequel reposent les bases de toute société, n'est pas étranger à l'organisation humaine.

70º Une des conséquences particulières à tirer de ce fait, c'est que la veine splénique (absorbant sécrétoire au sein de la rate, puis absorbant nutritif au sein du foie), peut être dite : l'absorbant commun des matériaux inutiles à la rate et au foie.

71º Généralisant maintenant la conséquence qui précède, à toute paire organique, ou, ce qui est la même chose, à l'association de la nutrition et de la sécrétion effectuée en un siége et pour un usage quelconque, nous pourrons énoncer la proposition suivante qui fixe le rôle physiologique distinctif des veines au sein des organes, à savoir : au sein des parties nutritives, les veines absorbent les matériaux artériels sécrétoires, et, au sein des parties sécrétoires, elles absorbent les matériaux artériels nutritifs, ce qui, pour leur rôle physiologique général, revient à dire : les veines sont les absorbants *diverticulum* des organes ; sachant d'ailleurs que les parties nutritives et sécrétoires sont parties associées, essentielles de tous les organes (38 *et sq*).

72º Les propositions qui précèdent viennent de nous montrer l'association de la nutrition et de la sécrétion, réalisant d'abord l'*organe*, puis la réparation *actuelle* de l'organe ; ce dernier but physiologique, tout important qu'il est, n'est pas le seul que réalise ladite association, il en est un autre non moins important, c'est celui qui se rapporte à la réparation *future* du même organe.

73° Dans l'organisme, en effet, nous l'avons déjà mentionné (51), tout organe a deux actes également importants à remplir : le premier est de se réparer, l'organe consomme pour cela les matériaux existants ; le second est de pourvoir à sa réparation future, l'organe recompose à cet effet de nouveaux matériaux, et procède pour cela suivant deux modes différents :

74° Ou bien l'organe puise au sein même de sa propre substance les matériaux de sa réparation future, c'est là le mode de reconstitution de matériaux qu'on a nommé *récrémentition ;* ou bien l'organe puise en dehors de sa propre substance les mêmes matériaux, c'est le cas de la *digestion.*

75° Remarquons dès à présent que ces deux modes de reconstitution, quoique différents à certains égards, sont identiques comme but et résultat : leur but commun est la reconstitution des matériaux réparateurs ; à la vérité le premier mode puise ses matériaux au dedans, tandis que le second puise les siens au dehors, malgré cela, il est bien certain que, dans les deux cas, ce sont les mêmes matériaux dont l'organe a besoin et qu'il se procure.

76° Partant de cette identité de but et de résultat entre la récrémentition et la digestion, on pourrait dire avec raison que ces deux opérations organiques font double emploi, en ce sens que l'une n'est que la répétition de l'autre ; cela étant, on pourrait s'étonner alors de ce que ces deux opérations se rencontrent à la fois au sein d'un même organisme ?

77° Cet étonnement cesse, du moment qu'on descend à l'observation, laquelle montre, en effet, que la récrémentition et la digestion ne coexistent pas durant toute l'échelle zoologique ; et donne en même temps le motif de cette coexistance constante dans certains cas, non constante dans d'autres.

78° C'est ainsi que chez les animaux les plus simples, ceux chez qui il n'y a, en fait d'organe distinct, que la cavité digestive qui est en même temps le corps de l'animal, la digestion existe seule ; ici, la réparation étant des plus simples, la digestion est dépourvue des complications qu'elle présente dans les animaux supérieurs, dernière circonstance qui lui permet de s'exercer d'une manière continue et de suffire seule aux besoins de réparation de l'animal.

79° A mesure que les parties de l'organisme deviennent plus nombreuses et plus variées, la réparation se complique ; dès lors, la digestion, s'exerçant sur des matériaux nombreux et variés, devient aussi plus longue et plus laborieuse et, par suite, intermittente ; c'est alors qu'elle ne suffit plus seule à l'entretien de l'organisme et que la récrémentition intervient.

80° On comprend maintenant pourquoi, malgré qu'il soit vrai que la récrémentition n'est que la répétition de la digestion; on comprend, dis-je, pourquoi, dans les organismes supérieurs, ces deux opérations organiques coexistent l'une avec l'autre; c'est évidemment que, dans les organismes supérieurs, la récrémentition n'est que la digestion répétée et continuée dans l'intervalle de cette dernière.

81° D'un autre côté, dans les animaux supérieurs, il faut bien aussi le reconnaître, la digestion n'est pas moins indispensable à la récrémentition que celle-ci l'est à la première; pour s'en convaincre, il suffit de réfléchir au mode suivant lequel procède la récrémentition pour fournir les matériaux réparateurs.

82° Par suite, en effet, de la mise à exécution de ce mode, dont l'exercice prolongé tend à épuiser de plus en plus les organes (74), la récrémentition se fût bientôt trouvée dans l'impossibilité de se suffire à elle-même, si la nature n'avait prévu cette impossibilité en ouvrant dans le monde extérieur une nouvelle source de matériaux ; si elle n'avait , en d'autres termes, placé ici la digestion.

83° La digestion, chez les animaux supérieurs,

n'est donc, à proprement parler, que l'acte pourvoyeur de la récrémentition ; chez les animaux supérieurs, dirons-nous encore, tandis que la récrémentition supplée à l'absence de la digestion, cette dernière, par réciprocité, supplée à l'insuffisance de la récrémentition en empruntant à l'extérieur les matériaux dont celle-ci prive sans cesse l'intérieur.

84° En attendant que nous poussions plus avant ce parallèle comparatif de la récrémentition et de la digestion, ce que nous en avons dit suffit à faire soupçonner l'analogie intime qui existe entre ces deux opérations organiques, lesquelles ne diffèrent très-probablement entre elles que par le siége, le mode et le temps ; ce parallèle suffit, en outre, à légitimer les efforts que nous ferons tout-à-l'heure à l'égard de certaines circonstances essentielles que nous chercherons à rendre communes à l'une et à l'autre, et cela, lorsque nous aurons achevé ce qui concerne spécialement la récrémentition.

85° Il résulte des propositions 74 et *sq.*, que la récrémentition est une opération organique ayant pour but la reconstitution des matériaux réparateurs.

86° Il résulte encore des mêmes propositions, que la récrémentition arrive à son but en imposant l'obligation à chaque organe de puiser au sein de sa propre substance les matériaux reconstitutionnels.

87° La première conséquence qui découle de cette obligation, c'est que, par le mode récrémentitiel, *tous les organes* coopèrent nécessairement à la reconstitution des matériaux réparateurs.

88° Avant d'aller plus loin, il importe que nous soyons fixé sur ce qu'on doit entendre par substance propre de l'organe (86).

89° Par substance propre de l'organe, il faut entendre assurément ce qui constitue fondamentalement l'organe ; or, à cet égard, nous savons que les parties fondamentales essentielles d'un organe, quel qu'il soit d'ailleurs au particulier, consistent en des parties nutritives et sécrétoires associées (38 et *sq.*) ; partant de là, il suit, une fois pour toutes, que dire que chaque organe puise au sein de sa propre substance les matériaux reconstitutionnels, revient à dire qu'il puise lesdits matériaux au sein de ses parties constitutives, nutritives et sécrétoires.

90° Maintenant, quels sont ces matériaux que la récrémentition a mission de reconstituer, et comment les organes les fournissent-ils ?

91° Quant à la première question, sa réponse est prête d'avance, car elle résulte de ce que nous venons de rappeler touchant la constitution fondamentale de tout organe, en disant que ce dernier se compose essentiellement de parties nutritives et sécrétoires associées ; de là, il est, en effet, permis d'établir d'une manière générale que les matériaux nécessaires aux organes et que la récrémentition a mission de reconstituer, sont fondamentalement de deux sortes : matériaux *nutritifs* et matériaux *sécrétoires*.

92° Pour ce qui est de la seconde question : Comment les organes fournissent-ils les matériaux reconstitutionnels ? Cette question, éclairée par les considérations qui précèdent, peut se traduire en cette autre, à savoir : Au sein de tout organe, fonctionnant dans ses parties nutritives et sécrétoires, en vue de la reconstitution des matériaux réparateurs nécessaires auxdites parties, quel est le principe qui régit cette opération dans l'espèce ?

93° Cette seconde question posée ainsi, le simple raisonnement suffit à la résoudre et à indiquer que le principe cherché en pareil cas est des plus simples, à savoir : que, au sein de tout organe fonctionnant dans le but qui vient d'être indiqué, la partie nutritive de l'organe fournit les matériaux nutritifs, et la partie sécrétoire les matériaux sécrétoires.

94° Comment aurait-il pu en être autrement, puisque les matériaux reconstitutionnels du ressort de la récrémentition sont fondamentalement de deux sortes :

nutritifs et sécrétoires (91), et que, au sein de tout organe forcé récrémentitiellement de puiser en sa propre substance lesdits matériaux, ceux-ci ne peuvent provenir que des parties nutritives et sécrétoires, constitutives de l'organe (89) ; il suit de là, en effet, que lesdites parties constitutives devaient fournir, chacune en particulier, les matériaux de nature conforme à la leur propre.

95° Ainsi, pour la récrémentition, remarquons-le bien : *tous les organes* coopèrent à la reconstitution des matériaux réparateurs ; d'autre part, ceux-ci sont fondamentalement de deux sortes : matériaux *nutritifs* et matériaux *sécrétoires ;* enfin, pour la récrémentition encore, la source reconstitutionnelle desdits matériaux, bien que unique au point de vue de l'association des parties dont elle se compose, est cependant double et distincte, en ce sens qu'elle se rapporte à *l'union de deux parties de nature différente :* l'une nutritive, affectée aux matériaux nutritifs ; l'autre sécrétoire, affectée aux matériaux sécrétoires.

96° Cela posé, de même que nous avons cherché à déterminer précédemment, à propos de la réparation actuelle des organes, à l'aide de quels vaisseaux s'exécutait cette réparation ; de même nous allons chercher à déterminer, à propos de la réparation future des organes par voie de récrémentition, à l'aide de quels vaisseaux s'exécute cette reconstitution.

97º Car tout d'abord, déclarons-le sans hésiter, la présence de vaisseaux est tout-à-fait indispensable à l'exercice de la reconstitution par voie récrémentitielle.

98º Nous avons dit (78) que la récrémentition faisait défaut aux animaux les plus simples, par la raison qu'elle leur était inutile, la digestion, pour eux, étant suffisante aux besoins de l'organisme. Nous pouvons ajouter que, chez ces mêmes animaux, la récrémentition était, en outre, impossible, parce que cette dernière opération exige des vaisseaux pour son accomplissement, et que les vaisseaux, on le sait, manquent aux animaux les plus simples.

99º La récrémentition n'existe donc qu'au sein d'organismes pourvus de parties vasculaires; de plus, l'observation conduit encore à faire à cet égard deux distinctions importantes.

100º Elle montre, par exemple, que chez les animaux dont les organes, encore peu nombreux et variés, exigent des matériaux réparateurs peu nombreux et simples de forme; ceux chez qui, par conséquent, la reconstitution desdits matériaux, pour être un peu plus compliquée que chez les animaux les plus simples, est encore peu complexe, les vaisseaux employés par la reconstitution ne diffèrent pas de ceux affectés à la réparation des organes.

101° Chez les animaux supérieurs , au contraire , où le nombre et la grande variété des organes exigent des matériaux réparateurs non moins nombreux et variés, la reconstitution de ces derniers matériaux ne pouvait être aussi simple , et réclamait des opérations nombreuses et diverses. Ici , de toute évidence , les matériaux en voie d'élaboration ne pouvaient être , de prime abord , mêlés aux matériaux déjà élaborés (moins l'artérialisation); de là , nécessité de deux ordres de vaisseaux distincts : les uns destinés aux premiers matériaux , les autres destinés aux seconds.

102° Partant de là , si nous pouvions déterminer quels sont , chez les animaux supérieurs et chez l'homme en particulier , les vaisseaux affectés aux matériaux en voie d'élaboration , cette détermination répondrait à la question que nous nous sommes posée (96) , car ces vaisseaux seraient évidemment ceux affectés à l'exercice de la récrémentition.

103° Pour cela , récapitulons quels sont , chez les animaux supérieurs , les différents ordres de vaisseaux affectés aux besoins de chaque organe. Ces vaisseaux , on le sait , sont de trois ordres , ni plus ni moins , à savoir : artères , veines et lymphatiques. Si nous procédons maintenant par voie d'exclusion , nous trouverons que , de ces trois ordres , le premier sert directement à la réparation actuelle des organes ; le second , si nous en référons à notre conclusion (71), concourt aussi à cette réparation actuelle, quoique d'une manière seulement indirecte. Reste le troisième ordre vasculaire laissé par nous jusqu'ici sans destination, celui des lymphatiques, celui par conséquent qui peut être approprié à la réparation prochaine des organes, partant à la reconstitution des matériaux réparateurs, celui, par suite, qui peut être employé par la récrémentition.

104° Ce que nous venons d'avancer touchant la mission des lymphatiques au sein des organes, la paire organique spéciale, composée de la rate et du foie (la rate, organe de nutrition; le foie, organe de sécrétion), le vérifie suffisamment, en montrant que les lymphatiques spléniques absorbent, au sein de la rate, les matériaux spléniques que la récrémentition destine à la nutrition ultérieure de l'organe; de même que les lymphatiques hépatiques absorbent, dans le foie, les matériaux biliaires, destinés à la sécrétion ultérieure hépatique.

105° Une des conséquences particulières à tirer de cette vérification, c'est que les lymphatiques spléniques (absorbants nutritifs au sein de la rate), et les lymphatiques hépatiques (absorbants sécrétoires au sein du foie), peuvent être dits : les absorbants reconstitutionnels de la rate et du foie.

106° Généralisant maintenant la conséquence qui précède à toute paire organique, ou, ce qui est la même chose, à l'association de la nutrition et de la sécrétion effectuée en un siége et pour un usage quelconque, il nous sera permis d'énoncer la proposition suivante, qui fixe le rôle physiologique distinctif des lymphatiques au sein des organes, à savoir : les lymphatiques, au sein des parties nutritives, absorbent les matériaux reconstitutionnels nutritifs ; et au sein des parties sécrétoires, ils absorbent les matériaux reconstitutionnels de sécrétion, ce qui, pour leur rôle physiologique général, revient à dire : les lymphatiques sont les *absorbants reconstitutionnels* des organes ; sachant d'ailleurs que les parties nutritives et sécrétoires sont parties associées essentielles de tous les organes (38 et *sq.*).

107° En résumé, il ressort de ce que nous venons d'exposer touchant la récrémentition : *a.* que le but de cette opération organique est la reconstitution des matériaux réparateurs (85) ; *b.* que les matériaux réparateurs reconstitutionnels sont fondamentalement de deux sortes : matériaux nutritifs et matériaux sécrétoires (91) ; *c.* que, par récrémentition, tous les organes coopèrent à la reconstitution des matériaux réparateurs (87) ; *d.* que, par récrémentition, la reconstitution des matériaux réparateurs procède d'une source double et distincte, résultant de l'union de deux parties de nature différente : l'une nutritive, affectée aux matériaux nutritifs ; l'autre sécrétoire, affectée aux matériaux sécrétoires (95) ; *e.* que, par récrémentition, enfin, les lymphatiques sont les vaisseaux indispensables de l'absorption des matériaux reconstitutionnels (103), absorption qui s'effectue au siége même de la reconstitution, et qui, par conséquent, est, comme elle, double et distincte, et concerne : l'une les matériaux récrémentitiels nutritifs, l'autre les matériaux récrémentitiels sécrétoires (1). Telles sont les circonstances et phases principales de la reconstitution par voie récrémentitielle.

108° Eh bien ! je dis que toutes ces circonstances et phases doivent se retrouver du côté de la digestion, dans ce que chacune d'elles présentent de vraiment essentiel, c'est-à-dire, abstraction faite des différentes circonstances inhérentes à la reconstitution digestive. C'est là, au surplus, ce qui va résulter du parallèle suivant établi entre l'une et l'autre opération organique.

109° *a.* Le but de la récrémentition est la reconstitution des matériaux réparateurs. La digestion, de

____

(1) Nous croyons devoir faire remarquer ici que, bien que cette dernière circonstance relative au siége de l'absortion lymphatique, pour la récrémentition, n'ait été exprimée nulle part, par nous, d'une manière aussi explicite, elle n'en ressort pas moins bien positivement de ce que nous avons exposé ci-dessus, touchant l'absorption récrémentitielle au sein de la rate et du foie. (*V.* prop. 105.)

son côté, a incontestablement le même but. Cette première circonstance ne mérite donc pas de nous arrêter davantage.

110° *b*. Les matériaux réparateurs reconstitutionnels sont fondamentalement de deux sortes : matériaux nutritifs et matériaux sécrétoires. Les mêmes raisons qui nous ont conduit (91) à ce résultat, par rapport à la récrémentition, conduisent à un résultat identique par rapport à la digestion, et nous permettent d'établir que, pour cette seconde opération organique, les matériaux qu'elle a mission de reconstituer sont aussi fondamentalement de deux sortes : matériaux nutritifs et matériaux sécrétoires.

111° *c*. Par récrémentition, tous les organes coopèrent à la reconstitution des matériaux réparateurs. C'est dans cette phase et la suivante que la récrémentition et la digestion paraissent différer radicalement ; nous allons voir cependant que, en tenant compte des circonstances tirées du mode et du siège, seules vraiment différentes dans chacune d'elles, il est possible de faire coïncider exactement ces deux opérations.

112° Nous venons de dire que, par récrémentition, tous les organes coopèrent à la reconstitution des matériaux réparateurs ; de ceci, il résulte évidemment que, dans la récrémentition, *tous les organes* sont la *source*, et en même temps le *siége* des matériaux de reconstitution.

113° Dans la récrémentition, tous les organes sont la *source* des matériaux reconstitutionnels, parce que le principe de la récrémentition veut que chaque organe puise au sein de sa propre substance les matériaux de sa réparation future (86); d'autre part, tous les organes y sont en même temps le *siége* des matériaux reconstitutionnels, parce que l'exercice même de la récrémentition crée nécessairement au sein des organes, autant de siéges de matériaux reconstitutionnels que d'organes à réparer dans l'organisme.

114° A l'égard de la digestion, laquelle puise ses matériaux à l'extérieur, il ne pouvait y avoir de source interne, unique ou multiple, des matériaux reconstitutionnels; il ne pouvait y avoir non plus, par la même raison, de siége interne desdits matériaux, mais seulement un ou plusieurs siéges externes; pour ce qui est de ces derniers, remarquons en outre que, loin qu'il y eût obligation de les multiplier à l'instar de la récrémentition, c'est-à-dire de les rendre aussi nombreux que les organes à réparer, il était facultatif au contraire de les fondre les uns dans les autres, et de les réduire au plus petit nombre possible; à cet égard, nous verrons tout-à-l'heure que ce plus petit nombre ne pouvait être moindre de deux siéges : un , pour les matériaux reconstitutionnels nutritifs ; et un autre pour les matériaux reconstitutionnels sécrétoires.

115° Ce n'est pas tout encore : l'opération reconstitutionnelle digestive, en particulier, se trouvait dans la nécessité de concentrer les matériaux reconstitutionnels au sein d'un organe préparatoire quelconque, sorte de laboratoire commun préalable desdits matériaux. Pour comprendre cette dernière nécessité , il faut réfléchir que , tandis que les matériaux réparateurs récrémentitiels se trouvent, par le fait même du mode particulier de leur extraction (mode interne), immédiatement propres à reconstituer l'organe d'où ils émanent, et n'ont plus qu'à passer à cet effet par la filière lymphatique ; les matériaux réparateurs digestifs, en raison de leur mode spécial d'extraction (mode externe), émanant de sources nombreuses et fort différentes , soit entre elles , soit surtout des organes à la réparation desquels la digestion les destine , avaient besoin de subir au préalable diverses élaborations successives , sortes de réduction des matériaux réparateurs alimentaires à une forme plus simple et plus générale.

116° Il résulte des considérations sommaires que nous venons de présenter, que l'*estomac*, en tant que partie à l'usage de la reconstitution par mode digestif, est spécial à ce mode, et n'a pas et ne pouvait avoir d'analogue du côté de la récrémentition, qui, comme telle, n'en avait pas besoin ; mais par cela même que l'estomac n'est pas partie commune à l'un et à l'autre mode de reconstitution, cette partie ne pouvait donc être que secondaire du mode digestif, et bien moins le siége que le laboratoire préalable, et, en même temps, la voie de transport des matériaux reconstitutionnels à leur siége réel et définitif, l'intestin.

117° Ces déductions s'accordent parfaitement, comme on le voit, avec ce que l'anatomie comparée et l'embryogénie nous apprennent touchant l'importance de l'intestin comme partie essentielle du tube digestif, et, par suite, de la digestion ; ces mêmes déductions nous montrent en outre, que l'*intestin* est la seule portion du tube digestif qui corresponde exactement au siége des matériaux de reconstitution par mode récrémentitiel, à cela près que, pour la digestion, ce siége est, pour le moment, unique et principal, tandis que, pour la récrémentition, le siége des matériaux reconstitutionnels (tous les organes), est multiple et réparti dans tout l'organisme.

Poursuivons notre parallèle.

118° *d*. Par récrémentition, la reconstitution des matériaux réparateurs procède d'une source double et distincte, résultant de l'union de deux parties de

nature différente : l'une nutritive, qui fournit les matériaux nutritifs ; l'autre sécrétoire, qui fournit les matériaux sécrétoires. Cette phase, interprétée dans sa
signification physiologique rigoureuse, donne lieu, à
propos du parallèle qui nous occupe, à plusieurs déterminations d'une haute importance pour l'étude de la
digestion.

119° Et d'abord, il ressort que, du côté de la récrémentition, il y a deux sources et siéges associés des
matériaux reconstitutionnels ; négligeons ici la source
que nous savons, une fois pour toutes, être interne pour
la récrémentition et externe pour la digestion, il n'en
reste pas moins établi que, pour la reconstitution récrémentitielle, il y a deux siéges associés des matériaux ;
or, jusqu'ici, nous n'avons encore déterminé, au service
de la reconstitution digestive, qu'un siége essentiel et
unique : l'intestin (117).

120° L'intestin correspondrait-il donc à lui seul aux
deux siéges associés de la récrémentition ou ne correspondrait-il qu'à un seul d'entre eux ? Dans ce dernier
cas, quel est celui, du nutritif ou du sécrétoire, qu'il
représente ? L'alternative ici, on le comprend, est forcée.

121° Poursuivant l'interprétation à laquelle donne
lieu la même phase *d*, dans laquelle il est dit positivement (118), que les siéges associés de la récrémen

tition résultent de l'union de deux parties de *nature différente:* l'une nutritive, affectée aux matériaux nutritifs ; l'autre sécrétoire, affectée aux matériaux sécrétoires ; cette interprétation, fortifiée des caractères différentiels que nous savons exister entre la nutrition et la sécrétion (35 *et sq.*), signifie absolument que pour la récrémentition, le siége des matériaux reconstitutionnels nutritifs ne saurait être en même temps celui des matériaux reconstitutionnels sécrétoires, et que, au contraire, chacun desdits ordres de matériaux se trouve nécessairement en rapport avec un siége de nature conforme à la sienne propre.

122° Faisant usage de cette interprétation en vue d'arriver à la signification précise de l'intestin dans l'acte digestif (supposé identique à cet égard avec l'acte récrémentitiel), il ressort que l'intestin, bien qu'étant, comme nous l'avons vu, partie essentielle de la reconstitution par voie digestive (117), ne saurait cependant y tenir lieu et correspondre aux deux siéges affectés à la reconstitution par voie récrémentitielle (1). Dans cette hypothèse, en effet, il est clair que le siége des matériaux reconstitutionnels digestifs serait unique,

---

(1) Il ressort, en d'autres termes, que l'intestin, siége unique, comme nature d'organe, ne pourrait se trouver affecté à des matériaux de deux natures distinctes : les uns reconstitutionnels nutritifs, les autres reconstitutionnels sécrétoires.

et ne pourrait satisfaire à la double circonstance vraiment capitale exprimée dans la proposition qui précède.

123° Nous voilà forcément conduit à chercher pour la digestion un siége des matériaux reconstitutionnels analogue à celui qui existe pour la récrémentition, c'est-à-dire un siége double et constitué par l'union de deux parties ou organes de même nature que celle des matériaux fondamentaux qu'ils ont respectivement à fournir, organes par conséquent : l'un nutritif, l'autre sécrétoire, et de plus associés ; il faut, en outre, pour que la similitude soit complète, que lesdits organes (qui, dans leur assemblage, ne doivent être autre chose qu'une paire organique (41), mais paire organique spéciale, ou autrement dit *digestive*), soient au tout ce que chacune des paires organiques de la récrémentition sont au particulier (1).

124° Nous procéderons encore ici par voie d'exclusion, en nous aidant de toutes les circonstances capables de jeter quelque lumière sur la détermination cherchée. En tête de ces circonstances se trouvent

---

(1) Afin de rendre plus intelligible cette dernière phrase présentée sous une forme un peu abstraite, nous la traduisons ici de la manière suivante : il faut en outre que lesdits organes (paire organique digestive) soient à la reconstitution de tout l'organisme nutritif et sécréteur, ce que chacune des paires organiques récrémentitielles sont à la reconstitution nutritive et sécrétoire de chaque organe en particulier.

celles exprimées dans la phase suivante et dernière de la récrémentition, à savoir : *e.* par récrémentition, les lymphatiques sont les vaisseaux indispensables de l'absorption des matériaux reconstitutionnels ; absorption qui s'effectue au siége même de la reconstitution, et qui, par conséquent, est, comme elle, double et distincte, et concerne : l'une, les matériaux récrémentitiels nutritifs ; l'autre, les matériaux récrémentitiels sécrétoires (107).

125° Traduisant cette dernière phase en vue de la digestion, nous aurons, en changeant simplement les termes : par *digestion*, les lymphatiques sont les vaisseaux indispensables de l'absorption des matériaux reconstitutionnels ; absorption qui s'effectue au siége même de la reconstitution, et qui, par conséquent, est, comme elle, *double* et *distincte*, et concerne : l'une, les matériaux *digesti-nutritifs* ; l'autre, les matériaux *digesti-sécrétoires*.

126° Il résulte évidemment, des circonstances exprimées dans cette traduction, réunies aux circonstances déjà énoncées dans les propositions qui précèdent, que quels que puissent être d'ailleurs les organes composant la paire organique cherchée (123) à l'usage de la digestion, ces organes devront, à titre de caractères anatomo-physiologiques essentiels, être de nature différente : l'un, nutritif ; l'autre, sécrétoire, et, de plus, associés ; comporter un volume plus ou moins considérable et en rapport avec l'importance de leurs fonctions nécessairement relatives à tout l'organisme ; enfin, posséder des lymphatiques abondants, et plus abondants qu'en tout autre point du corps.

127° Il n'y a plus qu'à examiner maintenant, parmi les divers organes qu'on sait être associés en vue de la digestion, quels sont ceux qui présentent au plus haut degré les caractères ci-dessus énumérés ; or, parmi ces organes, disons-le tout de suite, il n'y a incontestablement que l'INTESTIN et le FOIE qui remplissent sans *desiderata* les conditions exigées.

128° Quant aux deux organes, pris ensemble, il est aisé de constater qu'ils sont l'un et l'autre d'une nature anatomique et physiologique absolument différente, nature conforme, pour chacun d'eux, à ce que nous avons dit de la nutrition et de la sécrétion (30 et *sq.*), et qu'en outre, bien que de nature différente, ces deux organes, conformément aussi à ce que nous avons dit de la situation relative de la nutrition et de la sécrétion, au sein de l'organisme (38), sont intimément associés.

129° Quant aux deux organes considérés à part, il serait superflu de montrer que l'*intestin* réunit à merveille les caractères anatomo-physiologiques exi-

gés (126), caractères qui le constituent bien véritable-
ment l'organe nutritif proprement dit de la reconstitution digestive. Reste le *foie*, qui, à son tour, et si nous
ne nous faisons illusion, remplit non moins exactement les conditions voulues. Pour preuves, nous nous
contenterons de rappeler que, de tout temps, on a
remarqué son volume énorme; sa présence constante
durant toute l'échelle animale, ainsi qu'à tous les
âges de la vie et surtout à ceux où la nutrition et les
sécrétions sont le plus actives; enfin, l'extrême
abondance de ses lymphatiques, abondance telle que
maints auteurs crurent voir autrefois, dans l'organe
hépatique, l'origine dudit ordre vasculaire. On a
remarqué tout cela, disons-nous, sans cependant en
donner la raison majeure; peut-être que, en réflé-
chissant que le foie se trouvait être, par les caractères que nous venons d'énumérer, précisément
l'analogue de l'intestin, on eût pu, songeant d'autre
part aux fonctions de l'intestin pendant la digestion,
trouver par analogie celle du foie durant le même
acte organique.

130° Quant à nous, invoquant simplement l'ensemble des circonstances essentielles que nous avons
soupçonné devoir exister en commun entre la récrémentition et la digestion, nous poserons en principe
que l'intestin et le foie constituent fort exactement à

eux deux la paire organique que nous cherchions tout-à-l'heure, à savoir : une paire organique analogue et équivalente aux paires organiques multiples de la récrémentition, paire organique composée par conséquent, une seule fois, comme chacune de ces dernières : *primo*, d'un organe principal, de nature nutritive, l'intestin; *secundo*, d'un organe principal, de nature sécrétoire, le foie.

131º Cela posé, reste à vérifier comment ces deux organes, associés en vue de la reconstitution digestive, réalisent bien réellement, dans ce mode de reconstitution, les circonstances essentielles de la récrémentition; c'est là ce à quoi nous allons procéder aussi brièvement qu'il nous sera possible.

132º A cet effet, et dans le but d'être plus clair, choisissons une paire organique appartenant à la récrémentition; plaçons en regard l'intestin et le foie, paire organique digestive; puis, faisons fonctionner parallèlement l'une et l'autre paire, il nous sera facile de constater, de la sorte, si les deux opérations organiques restent bien au fond invariablement les mêmes.

133º Soit notre paire organique favorite : la rate et le foie; la rate organe de nutrition, le foie organe de sécrétion. Si nous faisons fonctionner récrémentitiellement cette paire qui doit, dans ce but, puiser au sein de sa propre substance les matériaux de sa réparation future (86), nous savons, en vertu des résultats énoncés (104), que la rate fournira à ses lymphatiques propres les matériaux nutritifs spléniques, et que le foie, de son côté, fournira de même, à ses lymphatiques propres, les matériaux sécrétoires biliaires.

134° Voyons, à son tour, la paire composée de l'intestin et du foie, fonctionnant digestivement : dans cet autre cas, sauf que chaque organe doit puiser *hors* de sa propre substance les matériaux nécessaires à la réparation future de tout l'organisme (74), il faut évidemment, pour que la reconstitution digestive reste identique au fond avec la reconstitution récrémentitielle dont la paire organique ci-dessus vient de nous fournir un exemple, il faut évidemment, dis-je, que l'intestin, dit par nous, siége nutritif, fournisse à l'absorption des lymphatiques intestinaux les matériaux de nutrition nécessaires à tout l'organisme nutritif; et que le foie, dit par nous, siége sécrétoire, fournisse, de son côté, les matériaux de sécrétion nécessaires à tout l'organisme sécréteur.

135° Ici, cependant, se présente une difficulté en apparence grave; c'est que dans la paire organique formée de l'intestin et du foie, l'intestin, seul, se trouve en rapport évident avec le monde extérieur et peut recevoir librement de ce côté tous les matériaux dont il a besoin; quant au foie, ce dernier n'a absolument aucune connexion directe du même genre, dès lors on ne voit pas trop, au premier abord, comment pourront lui arriver les matériaux que lui seul doit, en principe, distribuer à tout l'organisme sécréteur.

136° Cette difficulté, nous le répétons, n'est grave qu'en apparence; pour la lever, il suffit d'y regarder de près, et l'on reconnaît bientôt que, en réalité, le foie n'avait nul besoin d'une communication directe avec le monde extérieur pour se procurer les matériaux reconstitutionnels dont il a besoin; il y a plus, une telle communication eût été pour lui insolite, car le foie, conforme, par nature, à celle de tous les organes sécréteurs, a son produit (partie active) distinct de lui-même et destiné à agir hors de lui-même.

137° N'avons-nous pas vu, en effet, dans nos définitions de la nutrition et de la sécrétion (30 et *sq.*), que, tandis que le produit de la nutrition n'est autre que l'organe nutritif même, le produit de la sécrétion est toujours distinct de l'organe et le plus souvent destiné à agir hors de l'organe?

138° Il suit de cette différence de nature entre la nutrition et la sécrétion que, tandis que l'intestin ne peut recevoir les matériaux reconstitutionnels extérieurs qu'en se mettant *lui-même* en rapport direct et immédiat avec eux, le foie, au contraire, n'avait nul besoin, pour obtenir les siens, d'être façonné à les recevoir d'une manière aussi immédiate ; il lui suffisait qu'il pût, à l'aide de son produit sécrété, *aller les prendre* dans tous les lieux susceptibles de les receler.

139° On sait comment la bile, à l'effet très-probable de remplir l'office que nous venons de lui reconnaître, se rend dans l'intestin, pendant la digestion, et s'y empare (à titre d'excipient commun des matériaux alimentaires de sécrétion fondamentale, c'est-à-dire de *l'albumine*) des matériaux digestifs sécrétoires qu'elle dissout.

140° Ce n'est encore là que la moitié du circuit que le foie parcourt (à l'aide du produit biliaire) pour se procurer les matériaux sécrétoires alimentaires qu'il doit livrer à l'absorption de ses lymphatiques. Il ne lui suffisait pas, en effet, de pouvoir s'emparer ainsi desdits matériaux placés à distance ; il fallait encore que ceux-ci lui arrivassent par une voie quelconque. Or, c'est ce qui a été réalisé à l'aide de la veine-porte, grâce aux connexions bien connues que cette veine entretient d'un côté avec l'intestin, de l'autre avec le foie.

141° La veine-porte, conformément au rôle que nous lui assignons, servirait donc, à proprement parler, *d'estomac secondaire* aux matériaux digestifs de sécrétion ; étendue, en effet, de l'intestin au foie, ses radicules puiseraient incessamment dans le premier organe les matériaux digestifs sécrétoires que la bile a trié du bol alimentaire et mis, pour ainsi dire, en réserve, tandis que ses ramifications, distribuées dans le foie, iraient y verser lesdits matériaux destinés, en définitive, aux bouches absorbantes des lymphatiques hépatiques (1).

---

(1) En résumé, pour nous, quels que soient le nombre et le genre des modifications subies par les aliments solides et liquides, introduits dans l'estomac, ces modifications, une fois terminées, aboutissent invariablement, dans l'intestin, au double départ suivant : une première portion du bol alimentaire, portion solide ou nutritive proprement dite, quitte l'intestin par l'absorption des chylifères ; une seconde portion, portion liquide et sécrétoire fondamentale (parce qu'elle se retrouvera en partie, plus tard, dans toutes les sécrétions) quitte aussi l'intestin, mais le quitte par l'absorption des radicules de la veine-porte et se rend au foie ; l'opération sécrétoire du foie sur cette seconde portion a pour résultat de la séparer en deux portions secondaires distinctes : l'une, veineuse, quitte le foie par les veines sus-hépatiques ; l'autre, sécrétoire digestive, mélangée à de la bile en excès, se rend dans les conduits hépatiques où elle est absorbée par les lymphatiques du foie qui jouent en cela le rôle de *chylifères sécrétoires ;* la bile en excès reste dans les conduits hépatiques.

Si l'on considère ensuite que ce retour de la bile en excès dans les conduits hépatiques et, par suite, dans l'intestin, retour opéré à l'aide de la veine-porte, est susceptible de se répéter un grand nombre de fois pendant la durée de l'acte digestif ; ceci autoriserait à considérer en outre la veine-porte comme un

142° Si l'on veut bien se donner la peine d'analyser attentivement les diverses circonstances que nous venons d'exposer touchant le rôle probable du foie pendant la digestion, puis y ajouter, par la pensée, le rôle de l'intestin, rôle que nous limitons aux matériaux nutritifs seuls, sans rien changer de ce qu'on sait communément à cet égard, il sera aisé de se convaincre que toutes ces circonstances, dans ce qu'elles ont d'essentiel et de fondamental, ne sont que la répétition de ce qui se passe du côté de chaque paire organique fonctionnant récrémentitiellement, à savoir : que, d'un côté comme de l'autre, en définitive, la partie nutritive fournit les matériaux réparateurs de même nature qu'elle, et livre ceux-ci à l'absorption de ses lymphatiques, tandis que même chose a lieu de la part de la partie sécrétoire (1).

---

multiplicateur du produit biliaire, et ce rôle secondaire, départi à cette veine, expliquerait dès-lors comment la quantité de bile sécrétée par le foie, quantité que les observateurs ont notée fort petite, eu égard à l'exiguité de l'artère hépatique, suffit néanmoins aux besoins de l'acte reconstitutionnel digestif.

(1) On pourrait contester l'identité que nous nous efforçons de prouver entre la récrémentition et la digestion, en disant que, même à notre point de vue, l'intestin et le foie ne fournissent pas seulement les matériaux reconstitutionnels, mais encore qu'ils les *préparent*; tandis que, du côté de la récrémentition, s'il est vrai que les mêmes matériaux soient fournis d'une manière analogue à celle de la digestion, rien ne prouve cependant qu'ils y subissent le même genre de préparation.

Nous répondrons plus tard victorieusement à cette objection, et

143º Quant à la paire digestive en particulier, c'est-à-dire à l'intestin et au foie (nos déterminations à l'égard des dépendances principales de ces organes une fois acceptées), le rôle essentiel de cette paire pendant la digestion pourrait être fort exactement exprimé de la manière qui suit, à savoir : pendant la digestion, *le foie est l'organe principal des élaborations et absorptions lymphatiques pour les sécrétions*, au même titre que *l'intestin est l'organe principal des élaborations et absorptions lymphatiques pour la nutrition* (1).

144º Ainsi se trouve démontrée l'analogie intime soupçonnée par nous entre la récrémentition et la digestion, alors que nous disions (84) que ces deux opérations organiques ne différaient très-probablement entre elles que par le *siége*, le *mode* et le *temps*. On

---

ferons voir que l'identité entre la récrémentition et la digestion est, même à cet égard, des plus complètes, en ce sens que les mêmes liquides qui affluent du côté de l'intestin en vue d'y préparer les matériaux venus du dehors, affluent aussi du côté des paires récrémentitielles en vue d'y préparer les matériaux venus du dedans, et d'ailleurs, que cette préparation est indispensable, d'un côté comme de l'autre, à la réalisation de l'absorption lymphatique.

(1) On pourrait dire plus simplement : *Le foie est l'organe reconstitutionnel digestif pour les sécrétions*, au même titre que *l'intestin est l'organe reconstitutionnel digestif pour la nutrition* ; ou plus simplement encore : *Le foie est aux sécrétions générales ce que l'intestin est à la nutrition.*

vient de voir, en effet, que, pour ce qui est du siége, l'une occupe tous les organes à la fois, tandis que l'autre n'occupe qu'un nombre limité d'organes, en revanche principaux ; que, pour ce qui est du mode et du temps : l'une est interne, l'autre externe ; l'une continue, l'autre intermittente ; toutes différences qui, bien que réelles, n'altèrent en rien, ceci est maintenant hors de doute, ce qu'il y a de vraiment essentiel dans les circonstances communes à ces deux opérations organiques.

145° Il est facile de reconnaître (et nous ne ferons que les indiquer ici sommairement) quelles modifications notre manière d'interpréter l'association de l'intestin et du foie en vue de la digestion, apportent aux différentes notions admises jusqu'ici dans cette opération organique ; ces modifications sont notables et fondamentales, elles ne vont pas à moins, en effet, qu'à subdiviser la digestion, telle qu'on la concevait jusqu'ici en deux phases ou actes secondaires parfaitement distincts quoique simultanés ; ces deux actes, tous deux relatifs à la préparation des matériaux reconstitutionnels, consisteraient : 1° en une digestion *intestinale* ou *nutritive* ; 2° en une digestion *hépatique*, *biliaire* ou *sécrétoire*. A ces deux actes préparatoires distincts, correspondraient un nombre égal d'absorptions pareillement distinctes : l'une relative aux maté-

riaux intestinaux, absorption *nutritive* ou *chylifère ;*
l'autre relative aux matériaux hépatiques, absorption
sécrétoire ou *hépatique ;* ces deux absorptions pour-
raient encore être caractérisées et distinguées l'une
de l'autre, en conservant à la première son nom de
chylose, et en donnant à la seconde celui de *lymphose,*
sachant d'ailleurs que la première se rapporte exclu-
sivement aux matériaux reconstitutionnels digesti-
nutritifs, et l'autre aux matériaux reconstitutionnels
digesti-sécrétoires.

146° Notons encore que notre manière d'interpréter
l'association de l'intestin et du foie, en vue de la digestion, éclaire d'un jour tout nouveau deux questions
vivement controversées, et sur lesquelles, de nos jours
encore, on est loin de s'entendre, à savoir : le rôle de
la bile pendant la digestion et celui de la veine-porte
pendant le même acte organique. Sans parler du rôle
non moins caractéristique qui en résulte pour les lymphatiques du foie, lymphatiques qu'on avait coutume
de passer sous silence en pareil cas, tandis qu'il devient
manifeste au contraire qu'ils sont aux matériaux digesti-sécrétoires, ce que sont aux matériaux digesti-nutritifs les chylifères proprement dits.

147° Faisons remarquer enfin (et ceci vient confir-
mer admirablement les conclusions en apparence pré-
maturées, adoptées par nous **71** et **106**, touchant le

rôle physiologique respectif des lymphatiques et des veines), à savoir : que, pendant la digestion, les lymphatiques, en absorbant dans l'intestin les matériaux reconstitutionnels destinés à la nutrition, et, dans le foie, les matériaux reconstitutionnels destinés aux sécrétions, restent bien, comme nous l'avons exprimé (106) : les absorbants *reconstitutionnels* des organes ; et que la veine-porte, pendant le même acte organique, en absorbant dans l'intestin, au profit du foie, les matériaux digestifs destinés aux sécrétions (matériaux bien évidemment *inutiles* à l'intestin en tant qu'il est organe reconstitutionnel nutritif seulement), accomplit bien, à l'égard de l'intestin, le rôle d'absorbant *diverticulum* (1).

148° En résumant l'ensemble des considérations auxquelles nous venons de nous livrer dans le courant de cette introduction, nous croyons pouvoir formuler comme il suit, ce que nous appellerons les *circonstances* et *manières d'être générales* de la nutrition et de la sécrétion.

----

(1) Réunissant les résultats obtenus et formulés par nous (71 et 106), il serait permis désormais de concevoir et de caractériser comme il suit le rôle physiologique respectif des trois ordres de vaisseaux affectés au service des organes, à savoir : les artères, vaisseaux *réparateurs* des organes ; les veines, absorbants *diverticulum ;* les lymphatiques, absorbants *reconstitutionnels.*

I.

La nutrition et la sécrétion sont fonctions fondamentales essentielles de tout organisme et de tout organe (10).

II.

La nutrition et la sécrétion, au sein de tout organisme et de tout organe, restent, chacune en particulier, identiques comme nature (26).

III.

La nutrition et la sécrétion sont entre elles de nature différente : la première se rapporte toujours à un produit solide qui n'est autre que l'organe nutritif même ; la seconde se rapporte toujours à un produit liquide, distinct de l'organe sécréteur, et destiné à agir hors de l'organe (35 et *sq.*).

IV.

La nutrition et la sécrétion s'associent l'une avec l'autre au sein de tout organisme et de tout organe, et y forment ce qu'on peut appeler, au point de vue de la constitution fondamentale de l'organisme et de l'organe, une *paire organique* (38 et *sq.*).

V.

L'association de la nutrition et de la sécrétion réalise, au sein de tout organisme et de tout organe, deux actes physiologiques également importants et relatifs : l'un, à la réparation actuelle ; l'autre, à la réparation future de l'organisme et de l'organe (72).

149° Les formules qui précèdent sont applicables à toute l'échelle zoologique sans exception ; celles qui suivent sont plus particulières à la nutrition et à la sécrétion considérées dans l'organisme humain.

VI.

La réparation actuelle de tout organe, dans ses parties constitutives, nutritives et sécrétoires, s'effectue à l'aide d'un ordre unique de vaisseaux : les artères, lesquelles se distribuent dans l'organe en suivant la forme dichotomique (53).

VII.

La réparation actuelle de tout organe emploie deux ordres fondamentaux de matériaux : matériaux nutritifs et matériaux sécrétoires (56 et *sq.*).

VIII.

Pendant la réparation actuelle de tout organe, il y a, du côté de chacune des parties constitutives de l'organe, production d'une certaine quantité de matériaux inutiles, par nature, à la réparation desdites parties, puis soustraction desdits matériaux (57 et *sq.*).

IX.

Les veines sont les instruments de soustraction des matériaux inutiles, par nature, à la réparation des parties constitutives d'un organe, ce qui rend lesdits vaisseaux, les absorbants *diverticulum* des organes (71).

X.

La réparation future de tout organe se réalise à l'aide de deux opérations organiques non simultanées, mais semblables, qui sont la récrémentition et la digestion (74).

XI.

Pour la récrémentition comme pour la digestion, il y a reconstitution des matériaux réparateurs, puis absorption desdits matériaux (107 et *sq.*).

XII.

Pour la récrémentition comme pour la digestion, la reconstitution se rapporte fondamentalement à deux ordres de matériaux : matériaux nutritifs et matériaux sécrétoires (110).

XIII.

Pour la récrémentition comme pour la digestion, la reconstitution procède d'un siége double et distinct, résultant de l'union de deux parties de nature différente : l'une nutritive, affectée aux matériaux nutritifs ; l'autre sécrétoire, affectée aux matériaux sécrétoires (118).

XIV.

Pour la récrémentition comme pour la digestion, l'absorption reconstitutionnelle s'effectue au siége même de la reconstitution et, est comme elle, double et distincte, et concerne : l'une, les matériaux nutritifs ; l'autre, les matériaux sécrétoires (124).

XV.

Pour la récrémentition comme pour la digestion, enfin, les lymphatiques sont les vaisseaux indispensables de l'absorption reconstitutionnelle, ce qui constitue lesdits vaisseaux, les absorbants reconstitutionnels des organes (106 et 125).

150° Telles sont les circonstances et manières d'être que nous disons essentielles de la nutrition et de la sécrétion. Si ces circonstances (incomplètes encore quant au nombre, et qui se compléteront dans la suite de nos recherches) sont bien telles que nous les considérons, il suit qu'on doit les retrouver, exprimées à des degrés divers, dans tous les points de l'organisme où la nutrition et la sécrétion s'exercent, quelles que soient d'ailleurs, à l'égard de ces points, les variétés de forme, de siége et de fonctions ; il suit encore que ces circonstances, une fois reconnues comme telles, deviennent comme autant de jalons précieux capables de guider sûrement dans l'étude anatomique et physiologique des divers instruments employés à la réalisation des phénomènes de la vie.

151° C'est à la constatation de ces circonstances et de leur valeur réelle ou illusoire que nous allons consacrer le travail qui va suivre, en prenant pour type de nos vérifications, dans l'espèce, deux organes bien connus, de nom du moins : la *rate* et le *foie*.

152° Une fois nos vérifications terminées à l'égard de ces deux organes, et si elles aboutissent à l'affirmative, nous croirons pouvoir conclure de ces organes au reste de l'organisme nutritif et sécréteur, et cela en vertu du principe mentionné ci-dessus et que nous formulerons ici d'une manière plus nette, à savoir : étant donné une circonstance anatomo-physiologique essentielle d'une partie déterminée de l'organisme, cette circonstance doit se retrouver, sauf les variantes en rapport avec les différences de siége, de forme et d'usages, dans toutes les autres parties analogues.

153° Il suit de ce même principe, qu'on peut dire encore, en d'autres termes : l'anatomie et la physiologie étant faites, dans leurs circonstances essentielles, à l'égard d'un organe quelconque de nature déterminée, cette anatomie et cette physiologie seront celles de tous les autres organes de même nature. Pour compléter ensuite les connaissances anatomo-physiologiques à l'égard de ces derniers, il suffira de tenir scrupuleusement compte, à propos de chaque organe différent, de toutes les modifications que peuvent imprimer aux circonstances anatomo-physiologiques essentielles, les différentes circonstances de siége, de forme et d'usages en rapport avec l'organe qu'on étudie.

154° Ce principe, on le voit, n'est qu'un dérivé du grand principe de *l'unité* dont nous voulons entreprendre de faire application aux circonstances anatomo-physiologiques essentielles des organes similaires. La valeur de ce principe, pour cette application particulière pas plus que pour toutes les autres, ne saurait être, que nous sachions, sérieusement contestée, et c'est là ce qui nous empêche d'entrer à son égard dans de plus longs développements.

155° Nous n'avons plus qu'à donner les motifs qui ont dicté notre choix de la rate et du foie, pour texte principal de nos vérifications anatomo-physiologiques; et d'abord, à cet égard, il est bien entendu que nous avions liberté de choix pleine et entière, puisque la nutrition et la sécrétion sont partout identiques, à ce point qu'on peut dire que, dans l'organisme, abstraction faite de toute considération de siége, de forme et d'usages, il n'y a qu'une nutrition comme il n'y a qu'une sécrétion (26).

156° Malgré qu'il nous fût loisible de choisir tel ou tel organe à volonté, la rate et le foie présentaient cependant à nos vérifications une facilité toute particulière, facilité qui ressortira mieux encore de la suite de nos recherches sur la nutrition et la sécrétion. Pour comprendre cette facilité, il faut savoir que, bien qu'il soit vrai que la nutrition et la sécrétion existent associées dans tous les organes, il est vrai aussi que ces deux fonctions ne comportent pas, au sein de toutes leurs variétés d'association, un égal degré de développement et d'importance. Nous verrons ainsi que, tandis que certains organes, l'intestin, par exemple, accusent la nutrition et la sécrétion développées suivant une importance égale ; d'autres organes montrent, au contraire, la nutrition développée à l'exclusion presque totale de la sécrétion et *vice versâ*.

157° On comprend tout aussitôt quelle facilité plus grande ces derniers organes offrent pour l'étude de celle des deux fonctions qu'ils accusent le plus fortement; or, c'est précisément là le cas de la rate et du foie, deux organes chez qui, pour le premier, la nutrition domine sur la sécrétion restée rudimentaire ; et chez qui, pour le second, la sécrétion l'emporte sur la nutrition restée à l'état de fonction simplement auxiliaire de la première.

158° Ceci est suffisant pour motiver le choix que nous avons fait de la rate et du foie, pour l'étude vérificative de la nutrition dans le premier organe, et de la sécrétion dans le second ; ajoutez à cela que la rate et le foie constituent, par leurs connexions réciproques, ainsi que nous l'avons déjà mentionné (63), une véritable paire organique, quoique spéciale, et dès lors il devient manifeste que ces deux organes se trouvaient être éminemment propres à nous faire voir la nutrition et la sécrétion fonctionnant dans leurs circonstances essentielles, à la fois individuelles et collectives.

159° Le travail qui va suivre a été divisé, par nous, en six parties bien distinctes, quoique logiquement déduites l'une de l'autre :

1° La rate, organe de nutrition ;

2° Le foie, organe de sécrétion ;

3° Association de la rate et du foie : *a*. pour leur réparation actuelle ; *b*. pour leur réparation future ;

4° Des organes de nutrition en général ;

5° Des organes de sécrétion en général ;

6º Association des organes de nutrition et de sécrétion : *a*. pour la réparation actuelle ; *b*. pour la réparation future.

Nous terminerons par un parallèle détaillé, établi entre la réparation récrémentitielle et la réparation digestive.

LYON, IMPRIMERIE DE CHANOINE,
Place de la Charité, 18.

www.ingramcontent.com/pod-product-compliance
Lightning Source LLC
LaVergne TN
LVHW050102060726
842524LV00003B/888